Abdelhafid Mimouni

Nitratos e nitritos : Riscos e respostas

Abdelhafid Mimouni

Nitratos e nitritos : Riscos e respostas

ScienciaScripts

Imprint

Cover image: www.ingimage.com

This book is a translation from the original published under ISBN 978-620-6-72235-9.

Publisher:
Sciencia Scripts
is a trademark of
Dodo Books Indian Ocean Ltd. and OmniScriptum S.R.L publishing group

120 High Road, East Finchley, London, N2 9ED, United Kingdom
Str. Armeneasca 28/1, office 1, Chisinau MD-2012, Republic of Moldova, Europe
Printed at: see last page
ISBN: 978-620-8-12416-8

Nitratos e nitritos : Riscos e respostas

Autor : Dr. Abdelhafid Mimouni

Investigador independente em química bioinorgânica, o Dr. Mimouni é especialista em síntese e caraterização macromolecular. Obteve o seu doutoramento em Química na Universidade de Paris XII em 1997, após um Diplôme des Études Approfondies em Sistemas Bioinorgânicos na Universidade de Paris XI em 1993, onde também obteve a sua Licenciatura e Mestrado em Química.

Resumo: Os nitratos e nitritos são compostos químicos frequentemente utilizados na conservação de alimentos, particularmente em carnes processadas, como salsichas e bacon. Ajudam a prevenir o crescimento de bactérias, incluindo *o Clostridium botulinum*, um micróbio perigoso que pode causar intoxicações alimentares graves. Os nitritos reagem com a mioglobina, uma proteína encontrada nos músculos, para dar às carnes processadas a sua atraente cor rosa. No entanto, quando consumidos em excesso, os nitritos podem transformar-se em substâncias potencialmente nocivas. Por conseguinte, é crucial regular a sua utilização para proteger a saúde e manter a qualidade dos alimentos.

Plano :

Capítulo 1: Química dos nitratos e dos nitritos 3
Capítulo 2: Microbiologia dos nitratos e dos nitritos 8
Capítulo 3: Impacto na saúde humana 13
Capítulo 4: Regulamentação e segurança alimentar 18
Capítulo 5: Estudos de casos e debates actuais 24
Capítulo 6: Estratégias para reduzir ou eliminar os nitritos do organismo 31
Capítulo 7: Perspectivas futuras e impacto na saúde pública 38
Conclusão 46

Capítulo 1: Química dos nitratos e dos nitritos

1. **Estrutura química dos nitratos e nitritos**

- **Composição e propriedades químicas** Os nitratos (NO_3-) e os nitritos (NO_2-) são aniões inorgânicos derivados do azoto, desempenhando papéis cruciais em vários processos biológicos e industriais. O nitrato, com a sua fórmula NO_3-, é um ião estável e relativamente inerte. É amplamente utilizado na agricultura sob a forma de fertilizantes como o nitrato de potássio (KNO_3) e o nitrato de sódio ($NaNO_3$). Na indústria alimentar, o nitrato é utilizado principalmente para conservar a carne. Em comparação, o nitrito, cuja fórmula é NO_2-, é muito mais reativo. Utilizado principalmente para inibir o crescimento microbiano em alimentos processados, também ajuda a estabilizar a cor dos produtos à base de carne. A maior reatividade química dos nitritos, em comparação com os nitratos, torna-os de importância crucial na segurança alimentar, embora esta reatividade também dê origem a preocupações de saúde devido à potencial formação de compostos nocivos.
- **Comparação entre nitratos e nitritos** Os nitratos, como iões menos reactivos, são utilizados principalmente como conservantes em carnes processadas e como fertilizantes agrícolas. Os nitritos, mais reactivos, estão envolvidos em processos químicos que podem levar à formação de

nitrosaminas quando reagem com aminas no estômago. As nitrosaminas são compostos potencialmente cancerígenos, o que suscita preocupações quanto ao consumo excessivo de nitritos. Esta diferença de reatividade justifica as diferentes utilizações destes dois iões e os riscos associados a cada um deles.

2. **Mecanismos de conversão**

- **Transformação dos nitratos em nitritos no organismo** Quando ingeridos, os nitratos sofrem uma redução em nitritos, um processo que ocorre principalmente na cavidade oral e nos intestinos, facilitado por bactérias específicas do microbiota. Na boca, as bactérias redutoras de nitratos, nomeadamente as que pertencem às famílias Neisseriaceae e Veillonellaceae, convertem os nitratos em nitritos. Este processo prossegue no intestino, onde bactérias como *a Escherichia coli* e *os Lactobacillus* contribuem igualmente para esta conversão. Este mecanismo é essencial para o metabolismo dos nitratos e dos nitritos no organismo humano, desempenhando um papel na regulação da tensão arterial e noutras funções fisiológicas.
- **Papel das bactérias redutoras** de nit**ratos** As bactérias redutoras de nitratos são cruciais para a conversão de

nitratos em nitritos. Na cavidade oral, estas bactérias, que se encontram principalmente na língua e na saliva, são responsáveis pela redução dos nitratos. No trato intestinal, bactérias como a *Escherichia coli* e *o Lactobacillus* continuam esta conversão. Este processo bacteriano é vital não só para a digestão, mas também para a eficácia dos nitritos nos processos de conservação dos alimentos. A variabilidade das populações bacterianas e das condições fisiológicas pode influenciar a taxa de conversão e, por conseguinte, a eficácia dos nitratos e dos nitritos.

3. **Utilização industrial em alimentos**

- **Utilização de nitratos em carnes transformadas** Os nitratos são normalmente utilizados na transformação de carnes como o fiambre, as salsichas e o bacon. O seu principal papel é impedir o crescimento do *Clostridium botulinum*, uma bactéria responsável pelo botulismo, uma intoxicação alimentar potencialmente fatal. Na presença de nitratos, as condições tornam-se desfavoráveis ao desenvolvimento desta bactéria, o que torna os produtos à base de carne ainda mais seguros. A conversão dos nitratos em nitritos durante o processamento dos alimentos é também essencial para manter a caraterística cor-de-rosa das carnes processadas.

- **Outras aplicações alimentares** Para além da sua utilização na carne, os nitratos e os nitritos estão presentes noutros produtos alimentares. Por exemplo, os nitratos são por vezes adicionados a vegetais como a beterraba e os espinafres para prolongar o seu prazo de validade. Devido à sua capacidade de fixar a cor, os nitritos são amplamente utilizados na charcutaria para melhorar o aspeto dos produtos à base de carne. Estes compostos também desempenham um importante papel antimicrobiano, que é crucial para a segurança dos alimentos processados. No entanto, a utilização destes compostos na indústria alimentar é estritamente regulamentada devido aos potenciais riscos para a saúde.

Capítulo 2: Microbiologia dos nitratos e dos nitritos

1. Bactérias redutoras de nitratos

a. Presença na cavidade oral: Neisseriaceae e Veillonellaceae

As bactérias redutoras de nitratos presentes na cavidade oral desempenham um papel crucial na conversão de nitratos em nitritos, um processo vital para a fisiologia humana. Entre estas bactérias, as famílias Neisseriaceae e Veillonellaceae destacam-se pela sua capacidade de converter nitratos em nitritos através de enzimas específicas. Localizadas na língua e na saliva, estas bactérias iniciam a redução dos nitratos no início do processo digestivo, promovendo assim a ativação dos nitritos, que desempenham um papel fundamental na regulação de várias funções biológicas.

b. Presença no trato intestinal: Escherichia coli, Enterobacter e Lactobacillus

No intestino, a redução dos nitratos continua sob a ação de outras bactérias, como a Escherichia coli, a Enterobacter e a Lactobacillus. Estes microrganismos, que fazem parte integrante do microbiota intestinal, são responsáveis pela transformação dos nitratos em nitritos, influenciando assim a dinâmica destes compostos no sistema digestivo. O seu papel é essencial não só para o metabolismo dos nitratos ingeridos, mas também para a saúde digestiva em geral, uma vez que estas bactérias modulam o equilíbrio microbiótico e têm um impacto na bioatividade dos nitritos.

2. Efeito antimicrobiano dos nitritos nos alimentos

a. Inibição do Clostridium botulinum

Uma das aplicações mais importantes dos nitritos na indústria alimentar é a sua capacidade de inibir o crescimento do Clostridium botulinum, uma bactéria que produz uma toxina mortal em ambientes anaeróbicos, como os que se encontram na carne mal conservada. Os nitritos interagem com a mioglobina presente nos músculos da carne, criando um ambiente desfavorável para esta bactéria e reduzindo assim o risco de botulismo. Esta propriedade antimicrobiana faz dos nitritos um conservante essencial para a segurança alimentar.

b. Efeitos sobre outros agentes patogénicos alimentares

Para além da sua ação contra o Clostridium botulinum, os nitritos têm propriedades antimicrobianas contra uma variedade de outros agentes patogénicos alimentares, incluindo certas estirpes de Salmonella e Escherichia coli. A eficácia dos nitritos na inibição do crescimento destas bactérias contribui para a prevenção de intoxicações alimentares, aumentando assim a segurança dos produtos de carne transformados.

Esta extensa ação antimicrobiana explica a razão pela qual os nitritos são normalmente utilizados na conservação de alimentos, proporcionando proteção contra uma vasta gama de agentes patogénicos.

3. Impacto dos nitritos na cor e no sabor da carne

a. Reação dos nitritos com a mioglobina

Os nitritos desempenham um papel fundamental na alteração da cor das carnes transformadas. Quando reagem com a mioglobina, formam nitrosomioglobina, um complexo que dá à carne a sua cor rosa caraterística, frequentemente associada à frescura e à qualidade. Esta reação química é essencial para a atração visual dos produtos à base de carne, uma qualidade visual importante para os consumidores.

b. Papel na manutenção da qualidade da carne

Para além do seu impacto na cor, os nitritos também ajudam a preservar a qualidade organoléptica da carne, afectando o sabor e a textura. Evitam a oxidação dos lípidos, retardando a rancidez, e inibem o crescimento dos microrganismos responsáveis pela deterioração. Como resultado, os nitritos prolongam o prazo de validade das carnes transformadas, mantendo as suas qualidades de sabor e textura, satisfazendo as exigências dos consumidores em termos de frescura e sabor.

Capítulo 3: Impacto na saúde humana

1. Formação de meta-hemoglobina

a. Processo de formação da meta-hemoglobina

A meta-hemoglobina é uma forma alterada de hemoglobina em que o ferro ferroso (Fe^{2+}) é oxidado em ferro férrico (Fe^{3+}), uma transformação catalisada pelos nitritos quando ingeridos. Este processo inicia-se no sistema digestivo, onde os nitritos, após absorção, entram na corrente sanguínea. Uma vez no sangue, reagem com a hemoglobina, levando à formação de meta-hemoglobina. Este fenómeno é particularmente favorecido pelas condições ácidas presentes no estômago e no trato intestinal, que criam um ambiente propício à oxidação.

b. Consequências clínicas: metahemoglobinémia

A acumulação de meta-hemoglobina no sangue leva a uma doença conhecida como meta-hemoglobinémia. Esta condição reduz a capacidade do sangue para transportar oxigénio, o que pode levar a sintomas como dores de cabeça, tonturas, dificuldades respiratórias e, em casos graves, cianose, uma descoloração azulada da pele causada por hipoxia. Os bebés, devido aos seus sistemas enzimáticos imaturos, e as pessoas com deficiências enzimáticas específicas, estão particularmente em risco de desenvolver esta condição, o que sublinha a importância de monitorizar a exposição aos nitritos.

2. Nitrosaminas: compostos cancerígenos

a. Formação de nitrosaminas no estômago

As nitrosaminas, compostos potencialmente cancerígenos, são formadas quando os nitritos reagem com aminas secundárias ou terciárias num ambiente ácido como o estômago. Este processo químico é amplificado pelo pH ácido do estômago e pela presença de precursores de aminoácidos provenientes da digestão das proteínas alimentares. Sabe-se que as nitrosaminas têm propriedades carcinogénicas, o que as torna uma grande preocupação para a saúde pública, especialmente devido ao seu potencial para causar mutações celulares.

b. Riscos associados ao consumo elevado de nitritos

O consumo excessivo de nitritos está associado a riscos acrescidos para a saúde, nomeadamente o desenvolvimento de cancro. As nitrosaminas formadas no sistema digestivo podem interagir com o ADN, provocando mutações genéticas e aumentando o risco de cancro, nomeadamente do trato gastrointestinal. Estudos epidemiológicos estabeleceram uma ligação entre uma alimentação rica em carnes transformadas que contêm nitritos e um risco acrescido de certos cancros, o que sublinha a importância do controlo do consumo de nitritos.

3. Estudos epidemiológicos e toxicológicos

a. Análise dos riscos para a saúde

Os estudos epidemiológicos exploraram os efeitos a longo prazo do consumo de nitritos e nitratos na saúde humana, revelando uma correlação entre um consumo elevado e a incidência de certos tipos de cancro, particularmente os que afectam o aparelho digestivo. Simultaneamente, os estudos toxicológicos lançaram luz sobre os mecanismos pelos quais os nitritos e as nitrosaminas induzem danos celulares, contribuindo para o desenvolvimento de doenças crónicas. Esta investigação reforça a necessidade de regular os níveis de nitritos nos alimentos e de incentivar práticas alimentares seguras para minimizar os riscos para a saúde.

b. Recomendações das autoridades sanitárias

As autoridades de saúde pública, como a Organização Mundial de Saúde (OMS) e a Autoridade Europeia para a Segurança dos Alimentos (EFSA), estão a recomendar uma redução do consumo de nitritos e nitratos para reduzir os riscos associados à sua utilização. Estes organismos estabeleceram limites máximos para os níveis de nitritos nos alimentos e estão a promover alternativas mais seguras para a conservação dos alimentos. Estas recomendações visam proteger a saúde dos consumidores, permitindo simultaneamente a utilização controlada e segura de nitratos e nitritos na indústria alimentar.

Capítulo 4: Regulamentação e segurança alimentar

1. **Normas e limites de concentração** a. **Regulamentação internacional (UE, FDA, etc.)**
Os nitratos e nitritos nos alimentos são estritamente regulamentados para proteger a saúde pública, com normas que variam de região para região, mas que seguem princípios semelhantes para garantir a segurança dos alimentos:
   - **União Europeia (UE)**: O Regulamento (CE) n.º 1333/2008 rege a utilização de nitratos e nitritos, estabelecendo limites máximos para estes compostos em vários tipos de alimentos. Por exemplo, para carnes processadas, como bacon e salsichas, a concentração máxima de nitritos é frequentemente limitada a 150 mg/kg. Estes limites minimizam o risco de formação de nitrosaminas, ao mesmo tempo que permitem que estes aditivos sejam utilizados para conservar e colorir produtos alimentares.
   - **Food and Drug Administration (FDA)**: Nos Estados Unidos, a FDA regula os nitratos e nitritos como aditivos alimentares no Código de Regulamentos Federais (CFR) Título 21. Os limites máximos permitidos são semelhantes aos da UE, com um limite geral de 200 ppm para nitritos em carnes processadas, com o objetivo de garantir níveis seguros para o consumo humano.

b. **Limites máximos permitidos nos géneros alimentícios**

Os limites máximos de nitratos e nitritos são fixados em função do tipo de alimento e do seu papel na conservação ou na coloração:

- **Carnes transformadas** : Os teores de nitritos variam geralmente entre 50 e 200 mg/kg, consoante as especificações do produto e a regulamentação nacional, para garantir a segurança do consumidor e a conservação dos alimentos.
- **Produtos lácteos e outros géneros alimentícios**: Os limites são frequentemente mais rigorosos, reduzidos a níveis mínimos para refletir as diferentes utilizações e necessidades de conservação destes produtos.

2. **Alternativas aos nitratos e nitritos** a. **Substitutos naturais e novas tecnologias**

Em resposta às preocupações com os nitratos e os nitritos, foram desenvolvidas várias alternativas para manter a qualidade dos alimentos:

- **Substitutos naturais**: Alternativas como o extrato de aipo e a beterraba em pó são utilizadas como fontes naturais de nitratos, que se transformam em nitritos durante o processamento dos alimentos. Estes substitutos são populares nos produtos "sem adição de nitratos" devido à sua perceção mais natural.

- **Novas tecnologias**: A ozonização e a utilização de antioxidantes naturais, como a vitamina C (ácido ascórbico), estão a ser exploradas para reduzir ou eliminar a necessidade de nitritos, mantendo a segurança alimentar e minimizando os riscos associados.

b. **Vantagens e desvantagens das alternativas**

- **Vantagens** :
  - **Redução dos riscos para a saúde**: Os substitutos naturais podem reduzir a formação de nitrosaminas e reduzir os riscos associados aos nitritos.
  - **Aceitação crescente**: Os produtos naturais sem aditivos sintéticos estão a tornar-se cada vez mais populares entre os consumidores.
- **Desvantagens**:
  - **Custo**: As alternativas naturais e as novas tecnologias podem ser mais caras, aumentando o preço dos produtos acabados.

- **Eficácia variável**: alguns substitutos podem não oferecer os mesmos níveis de conservação ou cor, afectando a qualidade dos produtos alimentares.

3. **Práticas da indústria e responsabilidade** a. **Práticas da indústria**

alimentar A indústria alimentar desempenha um papel crucial na aplicação de regulamentos para garantir que os níveis de nitratos e nitritos cumprem as normas de segurança:

- **Controlo de qualidade**: Os fabricantes têm de monitorizar e regular os níveis de nitratos e nitritos ao longo do processo de produção. Os controlos e testes regulares são essenciais para manter a segurança do produto.
- **Rotulagem**: Os produtos que contêm nitratos e nitritos devem ser corretamente rotulados para informar os consumidores da sua presença. Uma rotulagem transparente ajuda os consumidores a fazerem escolhas informadas.

b. **Impacto das escolhas industriais na saúde pública** As decisões da indústria alimentar têm um impacto direto na saúde pública:

- **Redução dos riscos**: A adoção de alternativas aos nitratos e nitritos pode reduzir o risco de formação de nitrosaminas e melhorar a segurança alimentar.
- **Sensibilização**: Uma rotulagem transparente e a educação dos consumidores sobre os riscos associados incentivam decisões mais informadas por parte dos consumidores.

Capítulo 5: Estudos de casos e debates actuais

1. **Estudos de casos**

a. **Exemplos de produtos alimentares e respectivos teores de nitratos/nitritos**

Os nitratos e os nitritos são amplamente utilizados na indústria alimentar pelas suas propriedades conservantes e corantes. Eis alguns exemplos de produtos alimentares que contêm estes compostos:

- **Charcutaria**: Os produtos de charcutaria, como o bacon, o fiambre e os enchidos, utilizam nitritos para evitar o crescimento bacteriano e melhorar a cor e o sabor. Por exemplo, o bacon pode conter até 150 mg/kg de nitritos. Os nitritos impedem a proliferação de bactérias patogénicas, como o *Clostridium botulinum*, ao mesmo tempo que conferem ao produto a sua cor rosada caraterística.
- **Carnes transformadas** : Os cachorros quentes, patés e outras carnes transformadas contêm níveis significativos de nitritos, geralmente entre 50 e 150 mg/kg. Estes níveis são regulados para manter a cor e o sabor, respeitando as normas de segurança alimentar.

- **Produtos de panificação**: Embora menos comuns, os nitratos podem ser utilizados em certos produtos de panificação, como o pão de massa fermentada, onde actuam como levedura. Nestes produtos, os nitratos são convertidos em nitritos durante o processo de cozedura, contribuindo para a textura e conservação do produto.

Os níveis de nitratos e nitritos nestes produtos são controlados regularmente para cumprir os regulamentos locais e internacionais, garantindo a segurança do consumidor e assegurando uma conservação eficaz.

b. **Análise dos casos de botulismo ligados à má conservação**

O botulismo é uma intoxicação alimentar grave causada pela toxina produzida pelo *Clostridium botulinum*. Erros no armazenamento de alimentos podem levar a surtos de botulismo, como ilustrado pelos seguintes casos:

- **Exemplo histórico**: Em 2018, foi registado um surto de botulismo em produtos de carne enlatados mal conservados num pequeno estabelecimento. Uma falha nos procedimentos de cozedura adequados permitiu a sobrevivência de *C. botulinum*, que produziu a toxina nos produtos enlatados. Os produtos em causa continham níveis elevados de nitratos e nitritos, mas a má gestão da temperatura e as práticas de esterilização foram as principais causas do surto. Esta situação realçou a importância de uma cozedura e armazenamento adequados, mesmo quando estão presentes níveis elevados de nitritos.

- **Caso recente**: Em 2020, um surto de botulismo foi associado a salsichas caseiras que não cumpriam as normas de segurança alimentar. Os produtos não tinham tratamento suficiente para eliminar a bactéria e os níveis de nitritos estavam presentes, mas não eram suficientes para impedir o desenvolvimento da toxina devido a uma má gestão da armazenagem. Este caso revelou que a presença de nitritos não garante a segurança alimentar se as condições de armazenamento não forem respeitadas.

Estes casos sublinham a necessidade de um cumprimento rigoroso das normas de segurança alimentar para evitar o crescimento de bactérias patogénicas e garantir que os níveis de nitratos e nitritos são corretamente regulados e utilizados.

2. **Debates actuais sobre a utilização de nitritos**

a. **Perspectivas do sector versus preocupações dos consumidores**

- **Perspectivas da indústria**: A indústria alimentar justifica a utilização de nitratos e nitritos devido à sua eficácia como conservantes e corantes. Estes compostos prolongam o prazo de validade dos produtos, melhoram o seu aspeto e ajudam a manter as normas de segurança alimentar, inibindo o crescimento de bactérias patogénicas. Os argumentos da indústria incluem a necessidade de garantir a segurança alimentar e a capacidade de manter os preços acessíveis aos consumidores. Os nitritos também desempenham um papel crucial na prevenção da formação de toxinas nos produtos à base de carne.
- **Preocupações dos** consumidores: Os consumidores estão a manifestar uma preocupação crescente com os riscos para a saúde associados aos nitratos e nitritos, em particular com a formação de nitrosaminas, compostos potencialmente cancerígenos. Os movimentos de consumidores conscientes estão a pressionar para que os produtos não contenham nitratos adicionados, e as preocupações são reforçadas por estudos que ligam o consumo elevado de nitritos a vários problemas de saúde,

incluindo certos tipos de cancro. As campanhas de sensibilização estão a realçar os potenciais riscos para a saúde associados aos nitritos e a promover alternativas mais seguras.

b. **Iniciativas para reduzir ou substituir os nitratos/nitritos**

- **Substitutos naturais**: Em resposta às preocupações com os nitratos e nitritos, foram desenvolvidas várias alternativas para substituir estes aditivos, mantendo a qualidade dos alimentos. Os extractos de aipo e os pós de beterraba, ricos em nitratos naturais, são utilizados como substitutos. Estes nitratos naturais são convertidos em nitritos durante a transformação dos alimentos, oferecendo uma opção considerada mais natural e menos arriscada pelos consumidores.
- **Tecnologias alternativas de conservação**: Estão a ser exploradas tecnologias inovadoras, como a ozonização e a utilização de antioxidantes naturais como a vitamina C (ácido ascórbico) e extractos de alecrim, para reduzir ou eliminar a necessidade de nitritos. Estes métodos têm como objetivo preservar a segurança alimentar e reduzir os riscos associados aos nitritos, oferecendo alternativas viáveis às práticas tradicionais.

- **Iniciativas regulamentares**: Alguns países e organizações de saúde estão a recomendar a redução dos níveis máximos permitidos de nitritos nos alimentos ou a promoção de práticas de produção que minimizem o risco de formação de nitrosaminas. Estas recomendações podem incluir diretrizes mais rigorosas para os níveis de aditivos e conselhos aos consumidores sobre uma dieta equilibrada, com o objetivo de equilibrar os benefícios de conservação com as preocupações de saúde pública.

Capítulo 6: Estratégias para reduzir ou eliminar os nitritos do organismo

1. **Abordagens dietéticas e suplementos**

a. **Dietas pobres em nitratos**

A dieta desempenha um papel fundamental na gestão da ingestão de nitratos, influenciando a formação de nitritos no organismo. A adoção de uma dieta pobre em nitratos pode contribuir para uma redução significativa dos níveis de nitritos. Eis algumas estratégias específicas:

- **Dietas com baixo teor de nitratos**: Evitar alimentos ricos em nitratos, como certos vegetais de folha (espinafres, alface), beterraba e produtos de carne processada, pode ajudar a reduzir a exposição aos nitratos. Por exemplo, uma dieta baseada em alimentos frescos e não processados limita a ingestão de nitratos, o que pode reduzir a sua conversão em nitritos. As dietas mediterrânicas, que privilegiam o consumo de vegetais frescos, fruta, cereais integrais e oleaginosas, são frequentemente pobres em nitratos e podem servir de modelo para uma dieta equilibrada.
- **Exemplos práticos**: Os produtos biológicos, que tendem a conter menos nitratos devido à ausência de fertilizantes químicos, podem também reduzir a ingestão global de

nitratos. Estudos demonstraram que a fruta e os legumes biológicos têm geralmente níveis de nitratos mais baixos do que os produtos convencionais. Recomenda-se também que se prefira preparar alimentos frescos em vez de consumir produtos pré-embalados que contenham nitratos adicionados. Cozinhar os vegetais a altas temperaturas pode reduzir os níveis de nitratos nos alimentos.

b. **Suplementos alimentares e antioxidantes**

Os suplementos alimentares e os antioxidantes podem desempenhar um papel importante na neutralização dos efeitos nefastos dos nitritos. Eis algumas opções:

- **Vitamina C**: A vitamina C é um poderoso antioxidante que ajuda a neutralizar os nitritos, impedindo a sua conversão em nitrosaminas, compostos potencialmente cancerígenos. É habitualmente adicionada aos produtos alimentares como conservante e pode ser tomada como suplemento para contrariar os efeitos dos nitritos. Estudos realizados mostraram que doses elevadas de vitamina C podem reduzir os níveis de nitrosaminas no organismo.
- **Polifenóis**: Os polifenóis, presentes em alimentos como as bagas, o chá verde e o cacau, têm propriedades

antioxidantes que ajudam a neutralizar os nitritos e a proteger as células dos danos oxidativos. Os suplementos de polifenóis, como os baseados em extrato de chá verde ou bagas, também podem ser considerados para reduzir os efeitos dos nitritos no organismo. A investigação sugere que os polifenóis podem reduzir a absorção dos nitritos e a sua transformação em nitrosaminas.

2. **Modulação do microbiota**

a. **Prebióticos e probióticos específicos**

A modulação da microbiota intestinal é uma estratégia promissora para gerir os níveis de nitritos. Eis como os prebióticos e probióticos podem ajudar:

- **Prebióticos**: Os prebióticos são fibras alimentares que promovem o crescimento de bactérias benéficas na microbiota intestinal. Uma microbiota equilibrada pode reduzir a produção de nitritos, minimizando a presença de bactérias redutoras de nitratos. Alimentos como a banana, a cebola, os espargos e a raiz de chicória são ricos em prebióticos e promovem uma flora intestinal saudável.
- **Probióticos**: Os probióticos também podem ajudar a manter um equilíbrio saudável das bactérias intestinais.

Algumas estirpes probióticas, como as que se encontram nos iogurtes e nos suplementos probióticos, são capazes de reduzir a atividade das bactérias redutoras de nitratos, limitando assim a produção de nitritos. A investigação demonstrou que estirpes específicas, como as de *Lactobacillus* e *Bifidobacterium*, podem ter um efeito inibidor na conversão de nitrato em nitrito.

b. **Inibidores específicos das vias metabólicas**

Estão atualmente a ser explorados compostos capazes de inibir as enzimas responsáveis pela redução dos nitratos a nitritos. Estes inibidores poderiam oferecer soluções específicas:

- **Compostos inibidores**: Está em curso investigação sobre compostos como os flavonóides, presentes em frutos e legumes, bem como em certos medicamentos, que revelam potencial para inibir especificamente as enzimas bacterianas responsáveis pela conversão dos nitratos em nitritos. Por exemplo, os flavonóides, como a quercetina e o galato de epigalocatequina (EGCG), poderiam reduzir a atividade destas enzimas e diminuir os níveis de nitritos produzidos no intestino.

3. **Técnicas avançadas**

a. **Terapias baseadas em CRISPR**

As tecnologias de modificação genética, como a CRISPR, oferecem abordagens inovadoras para gerir os nitritos no organismo:

- **CRISPR**: A tecnologia CRISPR pode ser utilizada para modificar geneticamente as bactérias presentes na microbiota intestinal, tornando-as incapazes de produzir nitritos. Esta abordagem poderia potencialmente reduzir os níveis de nitritos no organismo de uma forma direcionada e eficaz. A investigação preliminar mostra que a CRISPR pode ser aplicada para modificar os genes de bactérias específicas, oferecendo uma solução de precisão para reduzir os riscos associados aos nitritos.

b. **Vacinação contra bactérias redutoras de nitratos**

Outra abordagem inovadora é a vacinação, que visa as bactérias responsáveis pela redução do nitrato:

- **Vacinas específicas**: O desenvolvimento de vacinas que visem as bactérias redutoras de nitratos poderia oferecer um método de controlo da produção de nitritos no intestino. Estas vacinas poderiam visar seletivamente as bactérias responsáveis pela redução de nitratos, sem perturbar a microbiota no seu conjunto. A investigação atual está a explorar a possibilidade de vacinas que induzam uma resposta imunitária específica contra estas bactérias, reduzindo assim a sua atividade e a produção de nitritos.

Capítulo 7: Perspectivas futuras e impacto na saúde pública

1. **Impacto potencial da eliminação dos nitritos**

a. **Benefícios para a saúde pública**

A eliminação dos nitritos do regime alimentar poderia ter efeitos significativos e variados na saúde pública, com benefícios potenciais consideráveis:

- **Redução do risco de cancro**: Os nitritos podem ser transformados em nitrosaminas no organismo, compostos fortemente associados a um risco acrescido de cancro, em particular cancros gastrointestinais como o cancro do estômago e do cólon. Ao eliminar os nitritos da alimentação, é plausível que a incidência destes cancros diminua, devido à redução da formação destes compostos cancerígenos. Além disso, estudos epidemiológicos sugerem que as populações com dietas pobres em nitritos têm taxas mais baixas de cancro.
- **Melhoria das condições cardiovasculares**: Quando ingeridos em excesso, os nitritos podem levar à formação de metemoglobina, uma forma de hemoglobina que não transporta o oxigénio de forma eficiente, resultando em distúrbios cardiovasculares como a hipoxia e as doenças cardíacas. Ao reduzir a ingestão de nitritos, poder-se-ia

observar uma melhoria da saúde cardiovascular, com uma redução dos riscos associados às doenças cardíacas e uma melhoria da função cardíaca.

- **Redução das perturbações ligadas à formação de nitrosaminas**: as nitrosaminas, formadas a partir dos nitritos, estão também associadas a perturbações neurológicas e metabólicas. Evitar os nitritos poderia reduzir o risco destas perturbações, contribuindo para uma melhor saúde geral e para uma redução das patologias metabólicas e neurológicas, como as perturbações cognitivas e as perturbações metabólicas.

b. **Possíveis consequências para a indústria alimentar**

A eliminação dos nitritos teria um impacto significativo na indústria alimentar, criando desafios e oportunidades:

- **Modificação dos processos de conservação**: Os nitritos desempenham um papel crucial na conservação de carnes transformadas, impedindo o crescimento bacteriano e preservando a cor do produto. A sua eliminação exigiria o desenvolvimento de novos conservantes e métodos alternativos para garantir a segurança e a qualidade dos produtos alimentares. Os métodos potenciais poderiam incluir a utilização de culturas probióticas, extrato de alecrim e outros conservantes naturais.

- **Aumento dos custos de produção**: A transição para substitutos naturais ou tecnologias avançadas para substituir os nitritos poderia levar a um aumento dos custos de produção. O investimento necessário para investigar e desenvolver novos processos de conservação poderia resultar num aumento dos preços dos alimentos. Esta situação poderá ter um impacto nos consumidores, em especial nos agregados familiares com baixos rendimentos, bem como nos produtores e transformadores de alimentos.
- **Inovação e adaptação**: A indústria alimentar poderia ser incentivada a investir em inovações para satisfazer a procura crescente de produtos sem nitritos. Isto poderia promover a investigação e o desenvolvimento de novas tecnologias de conservação, incentivando o aparecimento de produtos alimentares mais saudáveis e mais diversificados. A adaptação a estes novos requisitos poderia também criar novas oportunidades de emprego e crescimento económico no sector alimentar.

2. **Cenários para o futuro**

a. **Rumo a uma dieta sem nitritos**

A perspetiva de um mundo sem nitritos alimentares levanta questões cruciais sobre a viabilidade e as estratégias a adotar:

- **Viabilidade de um mundo sem nitritos**: Embora tecnicamente viável, alcançar um mundo completamente livre de nitritos alimentares exigiria mudanças substanciais nas práticas agrícolas e industriais. As alternativas aos nitritos devem ser não só eficazes, mas também economicamente viáveis para substituir os nitritos, mantendo as normas de segurança alimentar. Os desafios incluem encontrar soluções de conservação eficazes e implementar sistemas rigorosos de controlo de qualidade.
- **Estratégias globais**: As estratégias para conseguir uma dieta sem nitritos incluem o incentivo à investigação de alternativas, a reforma das políticas alimentares e a educação dos consumidores. A promoção da utilização de conservantes naturais e o desenvolvimento de políticas alimentares que incentivem práticas agrícolas sustentáveis são essenciais. A educação dos consumidores sobre os benefícios dos produtos sem nitritos pode também desempenhar um papel importante na transição para regimes alimentares mais saudáveis.

b. **Implicações éticas e ambientais**

As alterações na indústria alimentar e as modificações no microbiota levantam importantes questões éticas e ambientais:

- **Impacto no microbiota**: A alteração do microbiota intestinal para reduzir a produção de nitritos pode ter efeitos imprevistos na saúde digestiva e no bem-estar geral. É necessário um acompanhamento rigoroso para evitar desequilíbrios que possam conduzir a problemas de saúde, como infecções ou perturbações digestivas. As intervenções devem ser cuidadosamente monitorizadas para garantir um impacto positivo na saúde geral.
- **Considerações ambientais**: A transição para métodos de conservação alternativos pode conduzir a impactos ambientais, como a necessidade de novos recursos para produzir substitutos naturais ou os impactos de tecnologias de conservação avançadas. Os processos de produção e degradação dos novos conservantes devem ser avaliados para minimizar os impactos ambientais e promover práticas sustentáveis.

3. **Investigação e inovação**

a. **Projectos de investigação emergentes**

As iniciativas de investigação actuais centram-se na compreensão e gestão dos nitratos e nitritos no organismo:

- **Investigação de alternativas aos nitritos**: Estão em curso projectos para desenvolver substitutos eficazes para os nitritos, tais como antioxidantes naturais e novos métodos de conservação. Esta investigação tem como objetivo minimizar os riscos, garantindo ao mesmo tempo a segurança alimentar, explorando opções como extractos de plantas, culturas probióticas e novas formulações de conservantes.
- **Estudos sobre o impacto dos nitritos na saúde**: Os investigadores estão a examinar os efeitos a longo prazo dos nitritos na saúde para estabelecer ligações mais claras entre o seu consumo e as doenças associadas. Estes estudos estão a ajudar a informar melhor as políticas alimentares e a desenvolver recomendações baseadas em provas para proteger a saúde pública.

b. **O potencial das novas tecnologias**

As tecnologias avançadas desempenham um papel crucial na futura gestão dos nitritos:

- **Edição de genes**: Tecnologias como a CRISPR oferecem a possibilidade de intervenção genética para reduzir a produção de nitritos na microbiota intestinal ou em culturas alimentares. Esta abordagem poderia fornecer uma solução direcionada para limitar os efeitos dos nitritos, modificando os genes de bactérias ou plantas para minimizar a sua formação.
- **Tecnologias avançadas de conservação**: O aparecimento de novos métodos de conservação, como a utilização de enzimas específicas e processos de conservação inovadores, poderá oferecer alternativas viáveis aos nitritos, mantendo a segurança e a qualidade dos alimentos. A investigação está a centrar-se em abordagens como a irradiação, tecnologias avançadas de deteção e conservantes naturais para garantir a sustentabilidade dos produtos alimentares.

Conclusão

1. Resumo dos conhecimentos

No final desta exploração aprofundada dos nitritos e do seu impacto na saúde pública, é imperativo resumir os principais pontos abordados, a fim de compreender plenamente as suas implicações. Os nitritos, utilizados principalmente como conservantes nas carnes transformadas, são eficazes na prevenção do crescimento bacteriano e na manutenção da cor dos produtos. No entanto, a sua utilização apresenta riscos significativos para a saúde, nomeadamente devido à sua capacidade de se transformarem em nitrosaminas, compostos reconhecidos como cancerígenos.

As regulamentações internacionais, como as estabelecidas pela União Europeia e pela FDA, foram postas em prática para limitar estes riscos, impondo limiares rigorosos para as concentrações de nitritos nos alimentos. Estas medidas são essenciais para proteger a saúde pública, mas têm de ser continuamente reavaliadas à luz dos recentes avanços científicos e das crescentes preocupações dos consumidores com a segurança alimentar.

A eliminação dos nitritos da dieta poderá trazer benefícios significativos, incluindo a redução do risco de cancro e a melhoria das condições cardiovasculares. No entanto, esta transição coloca grandes desafios à indústria alimentar, que terá de desenvolver novos métodos de conservação e explorar substitutos naturais ou tecnológicos.

É crucial adotar uma abordagem equilibrada que combine segurança alimentar e saúde pública. Isto implica uma monitorização rigorosa dos níveis de nitritos nos produtos alimentares, ao mesmo tempo que se exploram alternativas seguras e eficazes para substituir estes compostos. A colaboração entre cientistas, indústria e reguladores é essencial para alcançar este equilíbrio, assegurando que as escolhas alimentares não comprometem a segurança ou a qualidade dos produtos.

1. **Perspectivas futuras**

Para o futuro, estão a surgir várias direcções de investigação promissoras no domínio da gestão dos nitritos. A exploração de novos substitutos naturais para os nitritos e a inovação nas tecnologias de conservação são áreas cruciais de estudo. Os projectos de investigação devem centrar-se na eficácia e segurança destas alternativas, para garantir que podem substituir os nitritos sem introduzir novos riscos para a saúde.

Os avanços tecnológicos, como a edição de genes com CRISPR e os novos métodos de conservação, oferecem um potencial considerável para transformar a gestão dos nitritos nos alimentos. Estas inovações poderão permitir o desenvolvimento de soluções mais seguras e eficazes, reduzindo o impacto dos nitritos na saúde pública e mantendo, ao mesmo tempo, elevados padrões de qualidade alimentar.

Em conclusão, a gestão dos nitritos e a sua potencial substituição por alternativas mais seguras exigem uma vigilância constante e a capacidade de adaptação rápida a novas descobertas científicas. Os esforços para melhorar a segurança alimentar e, ao mesmo tempo, proteger a saúde pública devem permanecer no centro das preocupações dos investigadores, fabricantes e reguladores. Isto assegurará escolhas alimentares saudáveis e seguras para as gerações futuras, ao mesmo tempo que promove um ambiente alimentar mais seguro e mais respeitador da saúde global.

Glossário :

- **Nitrato** **(NO_3-)**: Ião derivado do azoto, utilizado como fertilizante e conservante nos alimentos. Pode ser convertido em nitrito no organismo.
- **Nitrito** **(NO_2-)**: Ião derivado dos nitratos, utilizado para conservar a carne e inibir certas bactérias patogénicas. Pode ser transformado em nitrosaminas em condições ácidas.
- **Metahemoglobina**: Forma de hemoglobina incapaz de transportar oxigénio de forma eficiente, resultante da oxidação por nitritos.
- **Metahemoglobinemia**: Condição clínica resultante de uma concentração elevada de metahemoglobina no sangue, que conduz a problemas respiratórios.
- **Nitrosaminas**: Compostos químicos potencialmente cancerígenos formados pela reação de nitritos com aminas num ambiente ácido.
- **Botulismo**: Doença grave causada por uma toxina produzida pelo *Clostridium botulinum.*
- **CRISPR**: Técnica de modificação genética que acrescenta, elimina ou modifica sequências específicas de ADN.

- **Probióticos**: Microrganismos vivos que proporcionam benefícios para a saúde do hospedeiro quando consumidos em quantidades adequadas.

Referências:

1. **EFSA.** (2010). Parecer científico sobre a avaliação dos riscos do nitrato e do nitrito nos alimentos. Autoridade Europeia para a Segurança dos Alimentos.
2. **Dahl, J. R., & McCarty, M. F.** (2006). The Role of Nitrate in Meat Preservation and Safety (O Papel do Nitrato na Preservação e Segurança da Carne). *Journal of Food Safety, 26*(2), 105-118.
3. **Cato, E. P., & Vickers, S. J.** (2003). The Role of Nitrate and Nitrite in Food Safety (O papel do nitrato e do nitrito na segurança alimentar). *Food Chemistry, 78*(1), 85-91.
4. **Stewart, R.** (2009). Nitrito e nitrato: o bom, o mau e o feio. *Food Science and Technology, 40*(5), 407-419.
5. **Sharma, R. S., & Bhopale, A. P.** (2012). Implicações bioquímicas do nitrito em produtos alimentares. *Journal of Biochemical Research, 15*(3), 142-150.
6. **Hanna, A. R., & Krishnamurthy, S.** (2005). Redução Bacteriana de Nitrato e Nitrito no Trato Gastrointestinal Humano. *Journal of Applied Microbiology, 98*(4), 548-556.
7. **Gänzle, M. G.** (2015). Bactérias do ácido lático e segurança alimentar: aplicações de nitrito e nitrato na preservação da carne. *Food Control, 57*, 61-70.

8. **Leistner, L.** (2000). Principles of Food Preservation. *Food Control, 11*(4), 423-430.

9. **Smith, G. C., & Johnson, J. R. S.** (2007). The Role of Nitrites in Food Safety: Inhibition of Pathogens and Preservation of Meat Products (O papel dos nitritos na segurança alimentar: inibição de agentes patogénicos e preservação de produtos à base de carne). *Food Safety Review, 12*(2), 112-120.

10. **Stark, M. E., & Allen, P.** (2009). The Impact of Nitrites on Meat Quality and Safety (O impacto dos nitritos na qualidade e segurança da carne). *Journal of Food Science, 74*(7), R10-R17.

11. **Gómez, M., & Valenzuela, S.** (2013). Metemoglobinemia: uma revisão de suas causas e tratamento. *American Journal of Hematology, 88*(4), 309-313.

12. **Günther, H., & Zinn, J.** (2017). O papel dos nitritos no desenvolvimento do câncer: uma revisão abrangente. *Journal of Carcinogenesis, 36*(2), 231-245.

13. **Agência Internacional de Investigação do Cancro (IARC).** (2018). Monografias sobre a avaliação dos riscos carcinogénicos para os seres humanos: nitritos e nitratos. *IARC Monographs, 105*, 1-246.

14. **Katz, R. M., & Slaughter, D. P.** (2010). Evidência Epidemiológica de Riscos de Cancro Associados ao Consumo de Nitritos. *Cancer Epidemiology, 34*(3), 238-245.

15. **Organização Mundial da Saúde (OMS).** (2017). Nitrato e nitrito na água potável: documento de referência para o desenvolvimento das diretrizes da OMS para a qualidade da água potável. OMS, Genebra.

16. **Autoridade Europeia para a Segurança dos Alimentos (EFSA).** (2020). Regulamento (CE) n.º 1333/2008 do Parlamento Europeu e do Conselho relativo aos aditivos alimentares. Retirado do sítio Web da EFSA.

17. **Administração de Alimentos e Medicamentos (FDA).** (2021). Código de Regulamentos Federais Título 21 - Aditivos Alimentares Permitidos para Adição Direta a Alimentos para Consumo Humano. Retirado do sítio Web da FDA.

18. **Graham, R., & Hodges, J.** (2018). Regulamentos de nitrato e nitrito e seus impactos na segurança alimentar. *Jornal de Proteção Alimentar, 81*(2), 234-244.

19. **Conselho Internacional de Informação Alimentar (IFIC).** (2021). Compreender os Aditivos Alimentares: Nitratos e Nitritos. Retirado do sítio Web do IFIC.

20. **Instituto de Investigação Científica da Carne (MSRI).** (2019). Alternativas aos nitratos e nitritos em carnes processadas. *Meat Science Reviews, 10*(3), 45-60.

21. **Huang, Y., & Zhang, Y.** (2021). Efeitos antioxidantes da vitamina C e polifenóis na preservação de alimentos. *Journal of Food Science, 86*(4), 1235-1248.

22. **Smith, L. M., & Hart, A.** (2020). Modulação da microbiota intestinal: probióticos e prebióticos na saúde. *Nutrientes, 12*(7), 2134-2150.

23. **Jones, R. A., & Lee, S.** (2020). Inovações na conservação de alimentos: para além dos nitratos e nitritos. *Food Technology, 74*(6), 45-60.

24. **Miller, J. D., & Davis, T.** (2019). Considerações Éticas e Ambientais nas Transformações da Indústria Alimentar. *Environmental Health Perspectives, 127*(8), 870-884.

25. **Zhang, Y., & Huang, P.** (2022). O papel da tecnologia CRISPR na segurança e saúde alimentar. *Nature Biotechnology, 40*(5), 679-692.

MIX
Papier aus verantwortungsvollen Quellen
Paper from responsible sources
FSC® C105338

Printed by Books on Demand GmbH, Norderstedt / Germany